中国航天基金会 CHINA SPACE FOUNDATION　本项目由中国航天基金会支持

中国航天奠基人
钱学森的人生传奇

我们必须征服宇宙

 不负韶华

钱永刚/主编
顾吉环 邢海鹰/编著
上尚印象/绘

电子工业出版社
Publishing House of Electronics Industry
北京·BEIJING

"你在一个**晴朗**的夏夜，
望着繁密的闪闪**群星**，
有一种可望而不可及的**失望**吧！
我们**真的**如此可怜吗？
不，绝不！
我们必须**征服宇宙！**"

钱爷爷这么厉害，他读的是哪所大学呢？

就是这所。

交通大学。

交通大学的前身是南洋公学，后更名为国立交通大学，被誉为"东方麻省理工"。新中国成立后又分为好几个学校，在上海的就是上海交通大学。

我要好好学习，考上钱爷爷读的大学。

那我继续给你讲讲钱爷爷大学时候的故事吧。

太好了！

1929年，钱学森以总分第三名的成绩考入国立交通大学，主修铁路专业。

钱学森为自己"铁路救国"的理想能够得以实现，而感到无比兴奋与自豪。

初进交通大学的钱学森非常忙碌，收拾宿舍，整理行李，注册上课。

你们好！

嗨！你好！

北师大附中出身的钱学森，理科功底非常扎实。

平时没课的时候，他最喜欢去的地方就是学校图书馆。

今天放假，我们一起去溜达溜达吧。

不去了，我要去图书馆查资料。

交通大学图书馆面积近3000平方米，各类中西文藏书多达7.5万册，各类报刊千余种。

钱同学，你又来看书了。

还有这本，也要看。

无限向往宇宙的钱学森，只要是关于飞艇、飞机、航空的书都会借来看一看。

ROBERT HUTCHINGS GODDARD

总有一天我们也能研制出火箭，征服宇宙。

交通大学对学生要求十分严格，各种考试不断。

唉，又要考试了。

小考、大考、期末考……我们学校的考试未免也太多了吧。

谁说不是呢？算了，我还是接着背书吧。

钱学森啊！你都没怎么学习似的，竟然能考第一名。

考试成绩出来了，钱学森的总平均分为班级第一名。

其实，这些课程我在高中时就学过啦！

1930 年夏日里的一天，钱学森用毯子包裹着身体，全身发抖。

我头和肚子都很痛。

钱学森你怎么了？

哎呀，你发烧了，得赶紧去医务室。

你得了伤寒，建议回家休养。

于是，钱学森便休学一年，回到了杭州老家。

学森，这段时间，你就安心在家休养吧。

好的，父亲。

在养病的日子里，他们一家三口经常去美丽的西子湖畔散步。

我们去岳王庙祭拜。

我们钱家的祖先也像岳飞一样，为了国家的富强统一，做出了巨大的贡献。

我们也希望你能够为振兴国家做出自己的贡献。

父亲、母亲放心，我一定会努力的。

走在回家的路上，钱学森一直低头不语。

在想什么？

我在想，身为中华青年的我能够为国家做些什么。

钱学森一边养病，一边大量读书。

我今天一定要读完这几本书。

老板，这几本书多少钱？

钱学森一边看书，一边做笔记。每天都是如此。

好的，母亲。我看完这本书就来。

学森，还是看完书再吃饭吗？

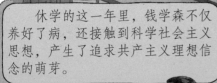
休学的这一年里，钱学森不仅养好了病，还接触到科学社会主义思想，产生了追求共产主义理想信念的萌芽。

1931年9月初，病愈后钱学森回到了交通大学继续上学。

你回来真是太好了！

钱学森，你总算回来了，身体痊愈了吗？

谢谢关心，已经痊愈了。

你不知道，你休学这一年我们被"扬州派"超过好几次了。

那时的交通大学，因北师大附中和江苏扬州中学考取的学生多，故分成"北师大附中派"和"江苏扬州中学派"，双方在学习成绩上竞争激烈。

虽然钱学森对"分数派"不是太喜欢，但他对自己要求很严格，每次考试都必须在90分以上。

钱学森你这次又是班级第一，可以免交学费了。

是年级第几名，你知道吗？

没注意，好像是年级第三名。

这样啊，看来还得再努力一点才行。

怎么在发呆?想什么呢?

我在想钱爷爷成绩都已经这么好了还那么努力。

优秀=勤奋

要想优秀,就必须努力,它们分不开呀。

以后我不能"六十分万岁"了,要好好向钱爷爷学习。

哈哈,看来带你来钱爷爷的纪念馆是来对了,很有收获嘛!

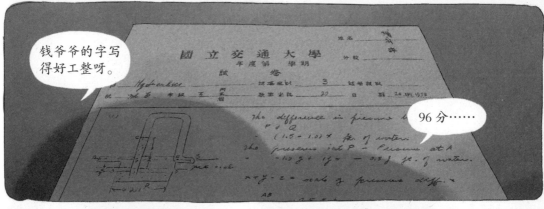

钱学森对自己要求极为严格，每次考卷都会书写得非常工整、干净、漂亮，连等号都像用直尺画的一样。

每次批改钱学森的试卷都是一种享受。

为什么？

你们看他的书写。

书写漂亮又工整，像字帖一样，太认真了！

金悫（què）老师。

我说得没错吧？

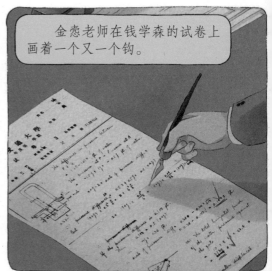

金悫老师在钱学森的试卷上画着一个又一个钩。

钱学森这次又考了一百分。

太羡慕你了，班里有这么一位出类拔萃的学生。

成绩好，人品好，态度也端正，确实不可多得。

钱学森，你这次考得怎么样？

他水力学基本上都是满分，这次肯定也是啊。

我明明记得有个公式推导好像写错了……

上课铃声响起，同学们麻利地坐在了自己的座位上。

水力学老师金悫抱着一沓试卷走进了教室。

本学科的考试分数下来了，我喊到名字的同学来拿试卷。

第一名，钱学森，一百分。

呃……

果然被我猜中了！太棒了！

果然没有悬念啊！

我就说你肯定是一百分。

唉！这次又被"北师大附中派"抢风头了。

钱学森拿着试卷仔细翻看，发现了错误的地方——本应该写成 Ns 的地方只写了一个 N。

果真写错了。

报告老师，我不是满分。

老师改错了吗？

怎么回事？

这里应该是 Ns，我写成了 N，丢了一个 s。

没错，是我疏忽了。

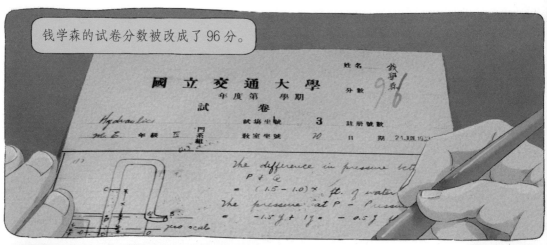

钱学森的试卷分数被改成了96分。

同学们交头接耳地议论着，露出不可思议的表情。

尽管钱学森被扣掉了4分，但他实事求是、严格要求自己的学习态度在我心目中却是满分，同学们要向他学习。

同学们纷纷为钱学森鼓起掌来。

这就是钱爷爷96分试卷的故事，他敢于承认错误的精神令人佩服。

知道了哥哥，我也要做一个实事求是的人。

真棒！

哥哥，你还知道其他钱爷爷在大学期间的故事吗？

我想一想。

想到了，钱爷爷还有一个关于实验报告的故事。

我已经迫不及待地想听啦！

别急，我这就讲给你听。

今天的课就上到这里，同学们记得按时提交实验报告。

陈石英老师

这门课的实验报告好难写啊。

就是啊，随便写点吧。

钱学森，你要去哪儿？

我去图书馆查查资料再写实验报告。

钱学森在图书馆里一待就是一天。

终于知道了。

陈石英仔细地阅读起钱学森的实验报告。

你们快来看，这个学生的实验报告写了100多页。

真不错！

是啊，有理有据。

我看看……

这是我两周前布置的作业，可以看出他做得非常认真。

何止认真啊！看这书写，工整又漂亮！

而且他把每个实验步骤都详细地记录了下来，太难得了。

你们看他的制图，又标准又清晰。

他的实验总结，逻辑非常清楚，还提出了自己的意见。

的确，这个学生叫什么名字？是个当科学家的好苗子。

他叫钱学森。

100 多页的实验报告，光想想我都头疼。

钱爷爷的这份实验报告成了交大机械系学生历史上的最佳实验报告。

钱爷爷上大学的时候天天都在学习吗？

也不是，钱爷爷还是学校管弦乐队、口琴会的成员呢，经常有演出活动。

哇！钱爷爷真是多才多艺啊！

在课余时间，钱学森加入了交通大学的管弦乐队。

我们乐队还差一个圆号乐手，钱学森，你有兴趣加入吗？

钱学森拿着圆号毫不犹豫地吹奏了起来。

没想到你除了会学习，音乐功底也这么好。

过奖了，其实我从小就对音乐感兴趣。

可惜钱学森在大学里和平稳定的日子没有持续多久，1931年9月18日，震惊中外的"九·一八事变"发生了。

"九·一八事变"后，大学生纷纷游行示威，全国掀起了抗日救亡运动。

1932年1月28日，日军进攻上海。

日军飞机在上海狂轰滥炸，上海顿时成为一片火海、一片废墟。

钱学森被炮声惊醒。

发生什么事了？

学校到处都是慌乱奔跑的学生。

钱学森亲眼看着图书馆被大火吞噬，而自己却无能为力。

这么多的珍贵藏书就这么毁了。

我们绝不能认命啊！

随后，上海的工人、学生、市民奋起反抗。

杭州。

学森参加了抗日救亡运动吗？

孩子长大了，应该让他自己去闯荡一番。不要过度担心。

万一有什么危险呢？

他应该为自己的人生负责，只有真正经历了，才会激励他自己好好学习，然后报效祖国。

这样，我写封信给他，让他凡事都要注意安全。

"九·一八事变"和"一·二八事变"带给钱学森非常大的刺激。

我们不能再任由帝国主义宰割了。

钱学森下定决心，一定要学好科学，振兴祖国。

当时的日本拥有2000架飞机，中国只有270架，而且其中只有90架勉强能用。

太少了，我们的飞机太少了，没有空军怎么救国？

航空学校只有上海、杭州、武昌等地才有，且教学及设施也并不完善。

在"航空救国"的热潮中，钱学森决意改变学习方向，为国家做出自己的贡献，这是他人生的第二次选择。

老师，我想选修航空工程课。

1933 年下半年，钱学森开始选修航空工程课。

他不是在图书馆读书，

就是在宿舍里挑灯夜读。

钱学森，走啊，吃饭去吧！

你们先去，我一会儿就来。

即便是在吃饭的时候，他也思考着学习的事情。

在大学毕业前夕，钱学森特意和同学们来到了北京青龙桥火车站。

詹天佑先生真的好伟大啊！

我曾经的理想是要做像詹天佑一样出色的铁路工程师，但是现在我有了一些其他的想法。

什么想法？

你说得没错。

火车虽然重要，但并不是现在最先进的技术了。

国家想要强盛，必须掌握最先进的科学技术。

1934 年 6 月，钱学森以全专业第一名的成绩从交通大学毕业。

听说你当选了斐陶斐荣誉学会会员，这可是无上的荣耀。

毕业典礼的时候，钱学森郑重地从校长手上接过了毕业证书、斐陶斐荣誉学会会员证书和学校的奖状。

中華民國廿三年六月　日給

校長　黎照寰

國立交通大學獎狀

茲有機械工程學院四年級學生錢學森於本學年內潛心研攻學有專長本校長深為嘉許特給此狀以示獎勵

学校的奖状上写着——

工程学院本研究生钱学森本学年内潜心攻读学有专长本校长深为嘉许特给此状以示奖励。

兹有机械四年级学生钱学森于本学年

1934年7月，23岁的钱学森参加清华大学第二届庚子赔款留美公费生考试，因航空工程这门课考了87分的最高分，被录取为美国麻省理工学院航空系硕士研究生。

学森你要好好学习，实业报国的希望就落在你肩上了。

为了提高钱学森航空工程知识的专业水平，清华大学为他安排了多位实习指导老师。

王助老师好，王士倬老师好。

王士倬教授，中国航空工业界的先驱，于1934年设计了中国的第一个风洞实验室。

王助，毕业于美国麻省理工学院航空工程系，是中国近代航空工业主要的奠基人之一。

经过半年的专业知识学习，钱学森开始了航空工程的实践活动。

这两架是从法国购买的布莱盖飞机。

我要好好记录下来，学习起来！

这是美国制造的寇蒂斯飞机。

南昌飞机修理厂。

这也是美国制造的寇蒂斯飞机。

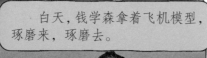

白天，钱学森拿着飞机模型，琢磨来，琢磨去。

夜晚，钱学森便在灯光下写论文。

1935 年 1 月，钱学森在《航空杂志》上发表论文《气船于飞机之比较及气船将来发展之途径》。

1935 年 7 月，钱学森在《浙江青年》上发表论文《火箭》。

未来一定会好的！

王老师，我即将赴美留学，今天来跟您道个别。

学森，你要记住，不论你在哪里，不能忘本，一定要初心不改。

老师你放心，我一定会把先进的科学技术带回祖国，为祖国建设奉献自己的力量。

这是我给你的礼物，一会儿再看。

1935 年 8 月，钱学森乘"杰克逊总统号"邮轮去美国，父亲前来送行。从此，开启了赴美麻省理工学院学习航空工程的留学生涯。

人，生当有品：如哲、仁、义、智、忠、悌、孝。

吾儿此次西行，非其夙志，当青青然而归，灿灿然而返！

乃父告之。

43

请看下一册

《 我们必须征服宇宙 第4册 谁和我比 》

图书在版编目（CIP）数据

我们必须征服宇宙. 第3册 / 钱永刚主编；顾吉环，邢海鹰编著；上尚印象绘. -- 北京：
电子工业出版社，2023.9
ISBN 978-7-121-45988-7

Ⅰ. ①我… Ⅱ. ①钱… ②顾… ③邢… ④上… Ⅲ. ①航天 – 少儿读物 Ⅳ. ①V4-49

中国国家版本馆CIP数据核字（2023）第131838号

责任编辑： 季　萌
印　　刷：当纳利（广东）印务有限公司
装　　订：当纳利（广东）印务有限公司
出版发行：电子工业出版社
　　　　　北京市海淀区万寿路173信箱　邮编：100036
开　　本：889×1194　1/16　印张：36　字数：223.2千字
版　　次：2023年9月第1版
印　　次：2023年9月第1次印刷
定　　价：248.00元（全12册）

凡所购买电子工业出版社图书有缺损问题，请向购买书店调换。若书店售缺，请与本社
发行部联系，联系及邮购电话：（010）88254888，88258888。
质量投诉请发邮件至zlts@phei.com.cn，盗版侵权举报请发邮件至dbqq@phei.com.cn。
本书咨询联系方式：（010）88254161转1860，jimeng@phei.com.cn。